HUASE LENGPIN ZHIZUO JIYI

花色冷拼制作技艺

裘海威 主编

浙江工商大学出版社 | 杭州
ZHEJIANG GONGSHANG UNIVERSITY PRESS

图书在版编目(CIP)数据

花色冷拼制作技艺 / 裘海威主编．—杭州：浙江工商大学出版社，2019.9（2023.9重印）

ISBN 978-7-5178-3344-4

Ⅰ．①花…　Ⅱ．①裘…Ⅲ．①凉菜—制作　Ⅳ．①TS972.114

中国版本图书馆CIP数据核字（2019）第149832号

花色冷拼制作技艺

HUASE LENGPIN ZHIZUO JIYI

裘海威　主编

责任编辑　厉　勇

责任校对　郑梅珍

封面设计　林朦朦

责任印制　包建辉

出版发行　浙江工商大学出版社

（杭州市教工路198号　邮政编码310012）

（E-mail：zjgsupress@163.com）

（网址：http://www.zjgsupress.com）

电话：0571-88904980，88831806（传真）

排　　版　杭州朝曦图文设计有限公司

印　　刷　杭州宏雅印刷有限公司

开　　本　787mm×1092mm　1/16

印　　张　12.5

字　　数　182千

版 印 次　2019年9月第1版　2023年9月第5次印刷

书　　号　ISBN 978-7-5178-3344-4

定　　价　88.00元

编委会

前 言

冷拼在宴席中是头菜，它以艳丽的色彩、逼真的造型呈现在人们面前，让人赏心悦目、食欲大增，不仅能美化和烘托宴席主题，还能提高宴席档次。

冷拼，也称花色拼盘、花色冷盘、工艺冷拼等。它是指在各种加工好的冷菜原料的基础上，采用不同的刀法和拼摆技巧，按照一定的次序和位置将冷菜原料拼成山水、花卉、鸟类和动物等图案，并提供给就餐者欣赏和食用的一门冷菜拼摆艺术。

与其他艺术一样，冷菜拼摆艺术源远流长，它是中华饮食文化孕育的一颗璀璨明珠。据史料记载，它源于中国，唐代就有用菜肴仿制园林胜景的习俗，宋代则出现以冷盘仿制园林胜景的形式，到了明清时期，冷菜拼摆艺术进一步发展，制作水平也更加精湛。近几年，随着经济的不断发展，冷拼艺术得到迅猛发展，同时被越来越多的厨师所青睐、运用，极大地推动了我国烹饪文化的繁荣发展。

冷拼发展到今天，已经成为烹饪殿堂中一朵灿烂的奇葩。其在口味与质感上，调味得当，主味明显，质感脆嫩、滑腻；在加工工艺上，特点鲜明，搭配合理，用料恰到好处；在形态与色泽上，神态迥异，色彩明亮，富有极强的感染力；在创意与实用上，创意突出，雅而不俗，注重营养搭配。冷拼的这些特点已被全国烹饪同行所认可，并且在此基础上得到改良和创新，不断有大批不俗的作品问世。

本书是编者在教学实践过程中不断摸索、改进，总结十余年的教学经验编写而成的。本书内容包括冷拼基础篇、冷拼步骤篇、实用冷菜篇、各吃冷菜欣赏篇、经典花式冷拼篇、宴席欣赏篇等。冷拼基础篇重点讲解冷拼的传统手法；冷拼步骤篇详细讲解花色冷拼的制作步骤和立体造型；之后献上实用冷菜篇、各吃冷菜欣赏篇、经典花式冷拼篇、宴席欣赏篇，以勾起大家学习冷拼的兴趣，同时大家可以根据操作步骤模仿制作。

由于编者水平有限，书中难免有疏漏之处，希望阅读本书的读者提出宝贵的意见，以便改进。

编者

2019年5月

目录

冷拼基础篇

冷拼步骤篇

实用冷菜篇

各吃冷菜欣赏篇

经典花式冷拼篇

宴席欣赏篇

冷

拼

基础篇

排

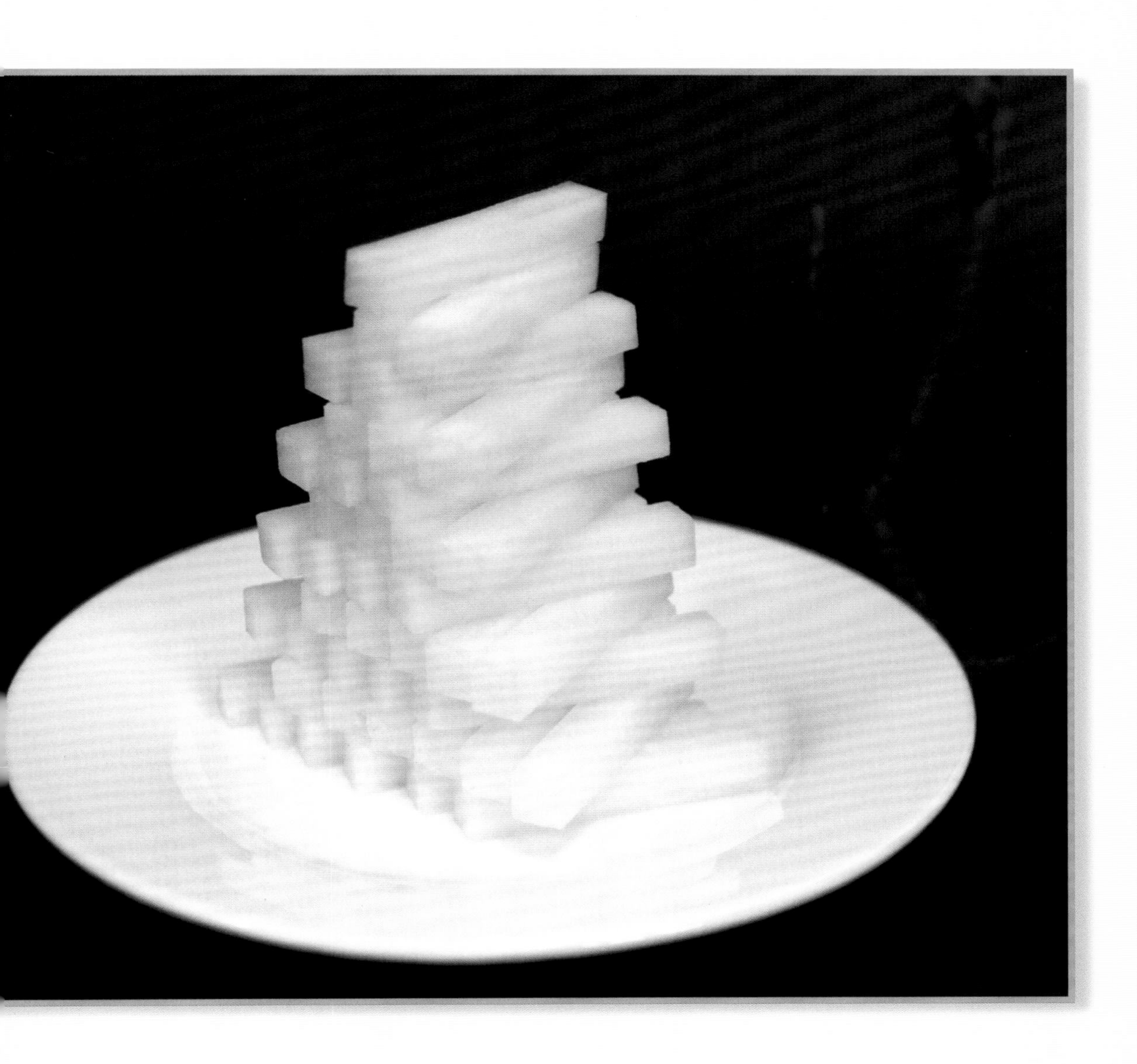

原材料

白萝卜。

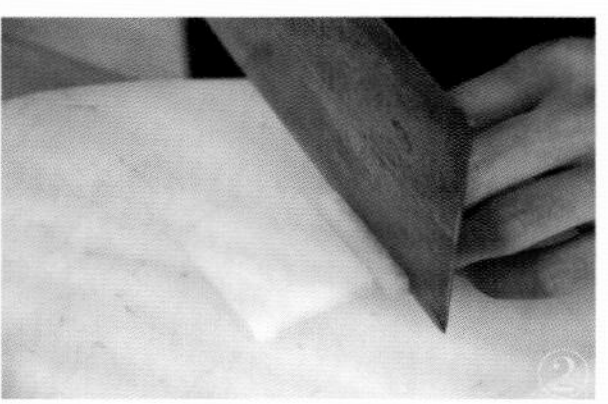

用具

片刀一把、
雕刻刀一把、
菜墩一个、
6寸圆碟一只。

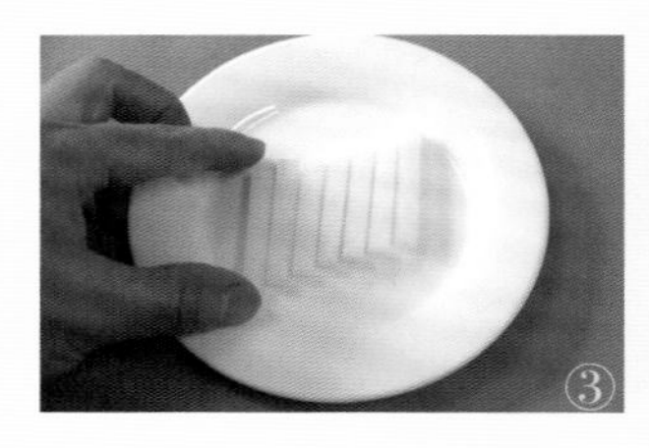

制作步骤

1. 白萝卜洗净去皮，切成长5厘米、宽0.8厘米、厚0.8厘米的长方条。
2. 均匀地排在碟子的第一层，条与条之间的距离为0.2厘米。
3. 用同样的方法反方向排第二层。
4. 用同样的方法排第三层、第四层……共十一层。

操作要领

条的长短、粗细要一致。

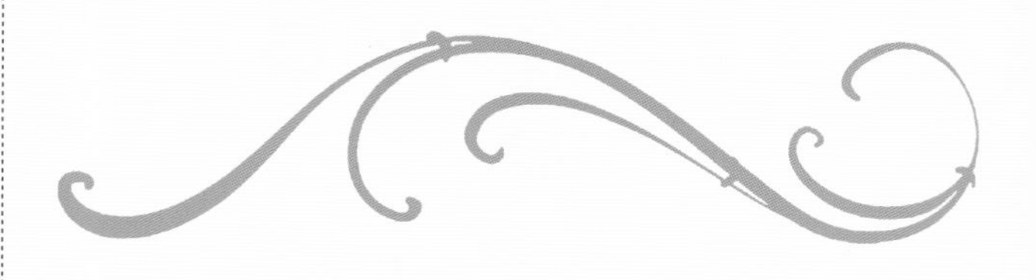

—— 技能拓展 ——

此法还可用于香干、西火腿、午餐肉、蛋黄糕等较大原料改刀成条的冷菜装盘。

圆（梳子花刀）

大黄瓜。

片刀一把、
雕刻刀一把、
菜墩一个、
6寸圆碟一只。

1. 黄瓜对批两半取段。
2. 将黄瓜切成梳子花刀形状。
3. 改刀好的黄瓜用刀顺同一个方向轻轻拍散。
4. 将梳子花刀状的黄瓜沿碟子侧围起来，层层叠叠，一层一层收小，一般第五层收口。

1. 梳子花刀的厚薄要均匀。
2. 围叠时注意层次与整体形态。

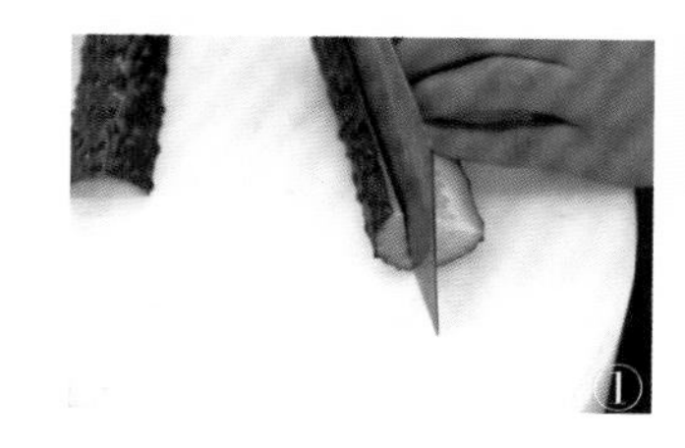
①

②

③

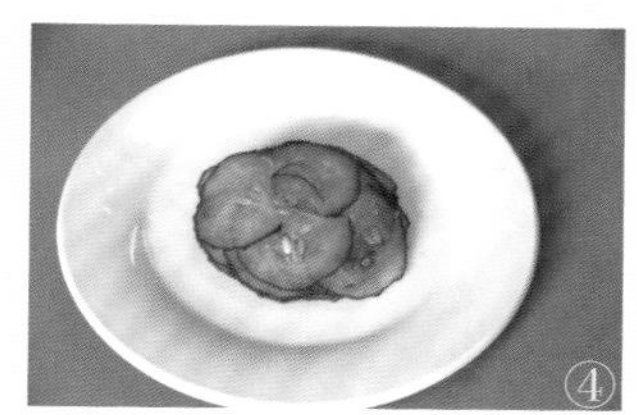
④

⑤

⑥

⑦

⑧

⑨

—— 技能拓展 ——

梳子花刀还可用西芹、整蘑菇等原料，围还可用于其他原料，如火腿肠、对虾等。

叠（拱桥形）

原材料

午餐肉。

片刀一把、
雕刻刀一把、
菜墩一个、
6寸圆碟一只。

1. 午餐肉整体取料，为两个边料，一个面料。
2. 把两个边料午餐肉切片后分别叠成两个扇形状。
3. 将面料午餐肉切成0.1厘米厚、1厘米宽、4厘米长的片，排叠成阶梯长条状。
4. 边角料切片打底，把扇形的片盖在两边，阶梯长条片盖顶即可。

1. 注意片的长度、宽度及厚薄度，排叠要整齐。
2. 打底形状要控制好，注意形态的把握。

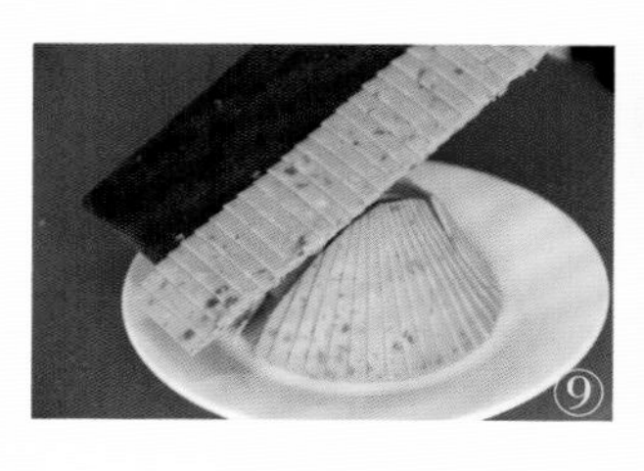

—— 技能拓展 ——

此法可用于各种原料切片排叠后的冷菜装盘，通常又称为“拱桥形”。

摆

原材料

白萝卜一根、
红椒半只、
糖、
白醋适量。

用具

片刀一把、
雕刻刀一把、
菜墩一个、
6寸圆碟一只。

制作步骤

1. 白萝卜去皮后用滚料批成薄片泡在糖醋水中待用，红椒切丝。
2. 白萝卜片裹上一根红椒丝卷成圆柱形条状。
3. 将卷好的萝卜条斜刀改刀，依序在围碟中摆成环形。
4. 第二层压在第一层上交叉再摆一圈，依次摆上四五层后，呈花形收口点缀。

操作要领

1. 萝卜片要批得厚薄一致。
2. 卷时要卷紧，注意萝卜卷的大小要均匀，改刀时要掌握好长度。
3. 摆的时候要摆得紧密，层次明显。

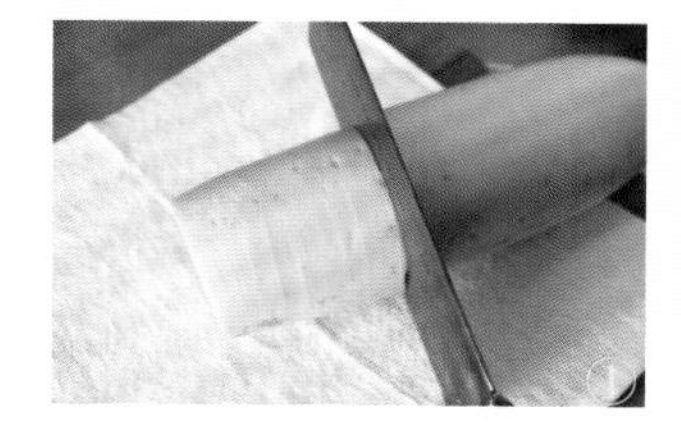

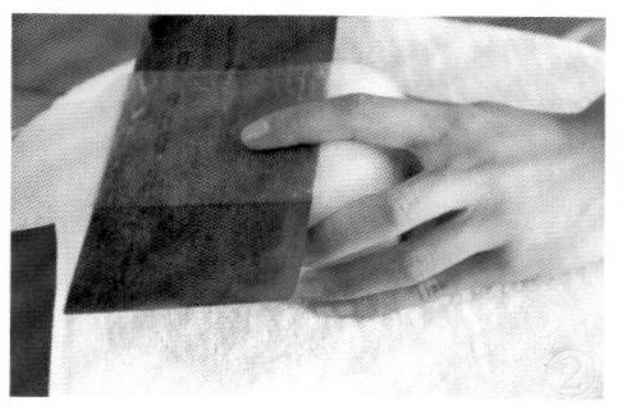

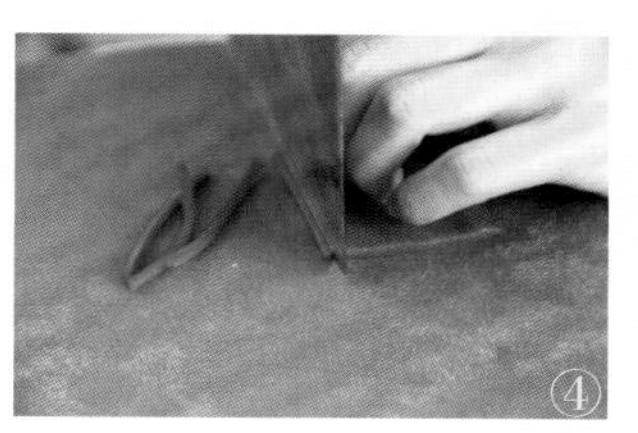

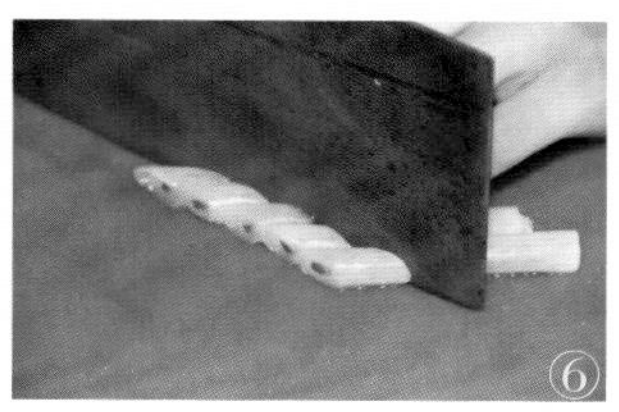

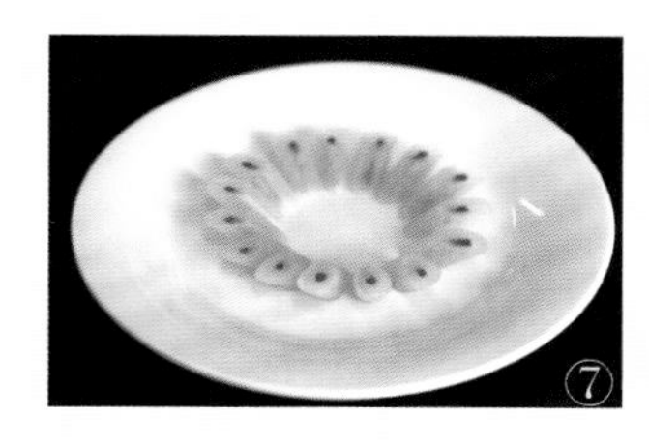

—— 技能拓展 ——

此法适用于各类卷状原料的冷菜拼摆，如香肠、蛋卷、鱼卷等。

覆

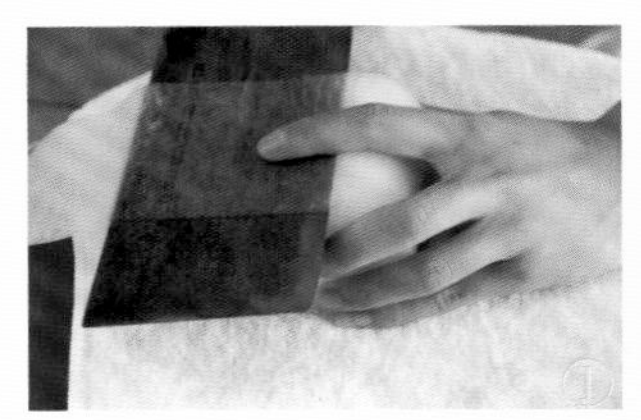
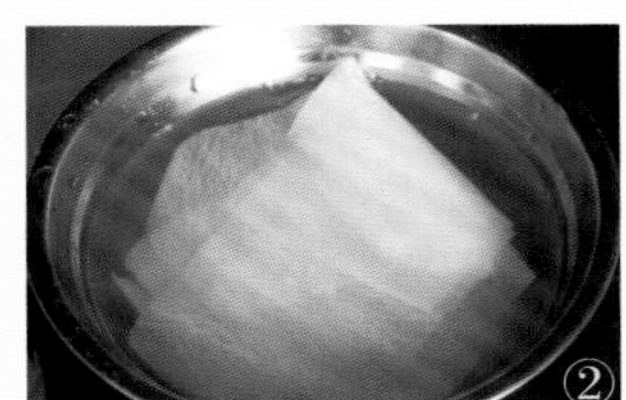

原材料

白萝卜、
胡萝卜、
糖、
白醋。

用具

片刀一把、
雕刻刀一把、
菜墩一个、
6寸圆碟一只。

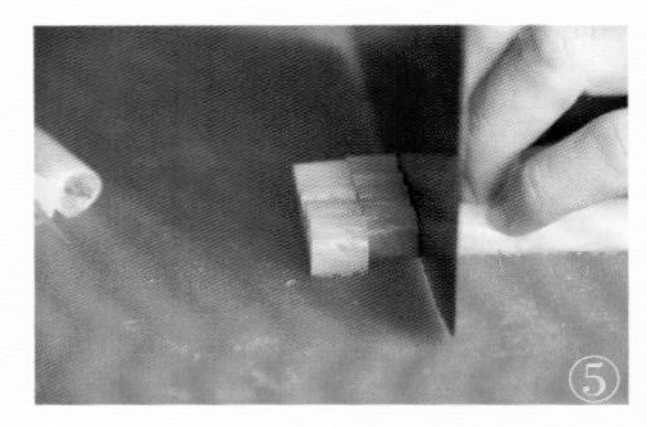
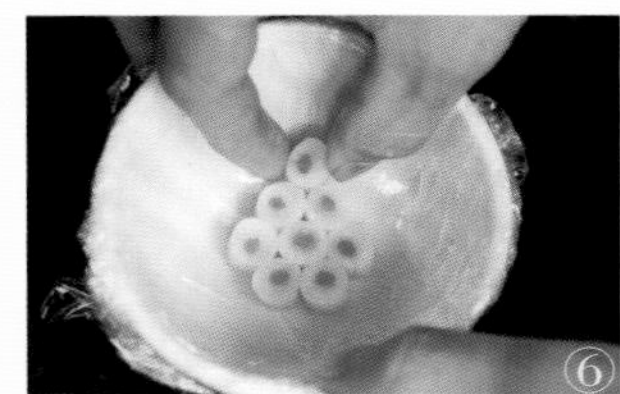

制作步骤

1. 白萝卜去皮后用滚料批成薄片泡在糖醋水中待用，胡萝卜切丝。
2. 白萝卜片裹上胡萝卜丝卷成圆柱形条状。
3. 将多余的料垫底，扣在小碟中即可。

操作要领

1. 萝卜片要批得厚薄一致。
2. 萝卜片浸泡糖醋汁中不要太久。
3. 卷时要卷紧，注意大小，并要卷得均匀。

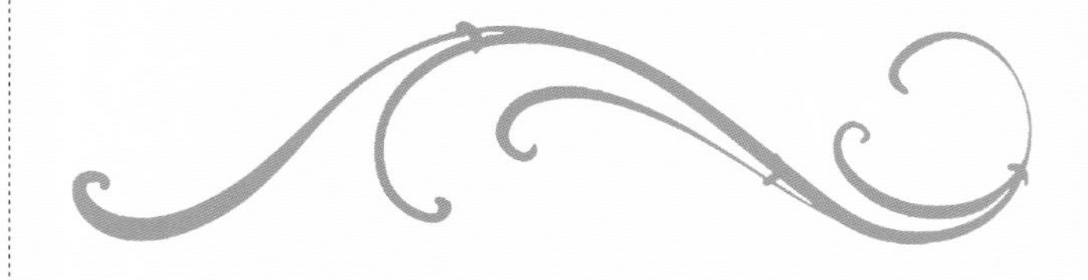

技能拓展

此法还可用于其他丝状或片状原料的装盘，如扣三丝等。

堆

原材料

莴苣一根。

用具

片刀一把、
雕刻刀一把、
菜墩一个、
6寸圆碟一只。

制作步骤

1. 莴苣洗净去皮。
2. 切去四边成长方块，平刀批片，再直刀切成细丝。
3. 细丝放清水中浸泡后用干毛巾吸干水分。
4. 将莴苣丝堆放于碟内。

操作要领

1. 莴苣丝要粗细均匀。
2. 堆放时注意形状。

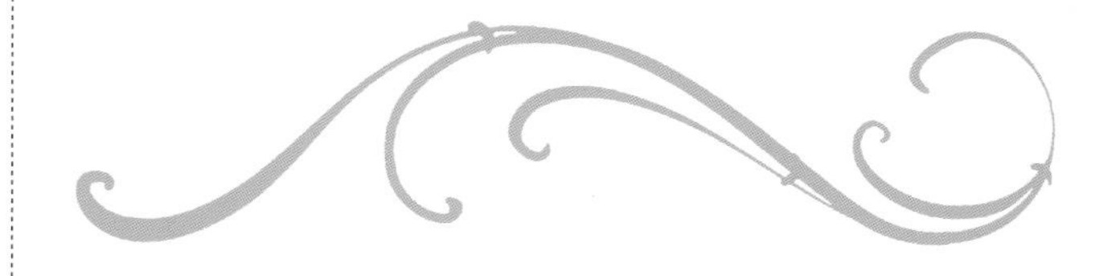

技能拓展

此法可用于丝、小丁等原料的冷菜装盘，如香干丝、马兰头等。

双拼

原材料

午餐肉、
白萝卜。

用具

片刀一把、
雕刻刀一把、
菜墩一个、
8寸圆碟一只。

制作步骤

1. 午餐肉整体取料，为两个边料，一个面料，其他垫底成高8厘米、宽2厘米的拱桥。
2. 将一边料午餐肉切片后分别叠成两个拱桥形状。
3. 将面料午餐肉切成0.1厘米厚、2厘米宽、4厘米长的片，共24片排叠成阶梯长条状。
4. 把拱桥形刀面摆在桥形一侧，阶梯长条片盖顶。
5. 白萝卜切成4厘米长、0.8厘米宽的长条，按前面排的手法一层层排。

操作要领

1. 取料合理，刀面片大小一致，排叠要整齐。
2. 底部堆放拱桥形要结实，并计算好跨度与高度。

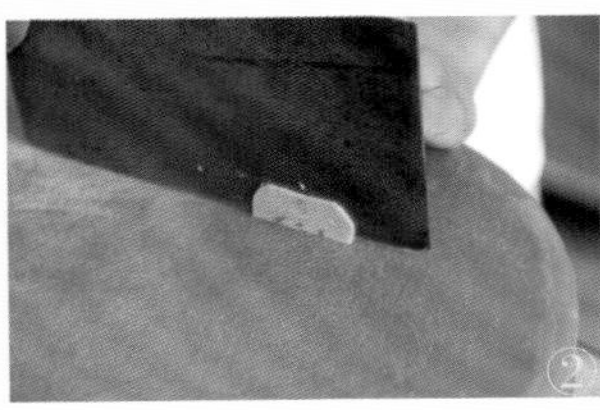

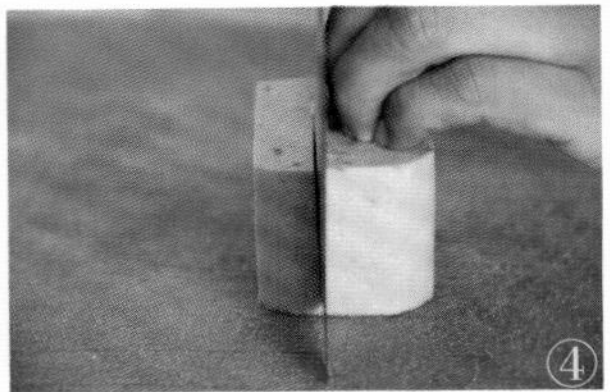

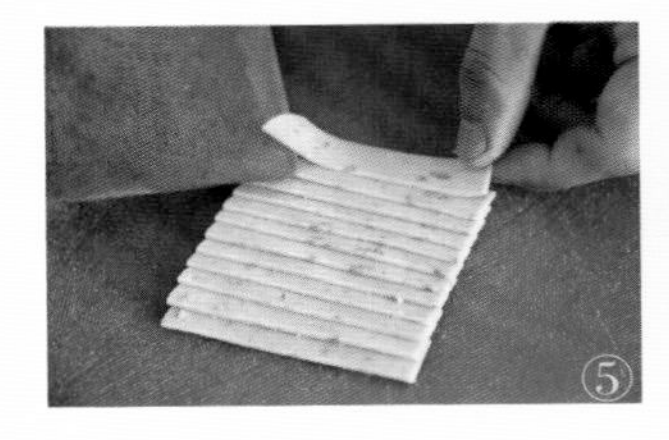

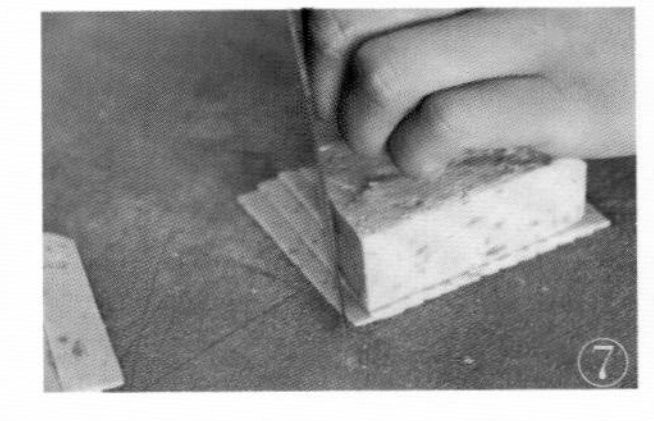

—— 技能拓展 ——

此法可用白切鸡代替午餐肉,大虾代替黄瓜,做成双拼。

高三拼

原材料

午餐肉、
大黄瓜、
白萝卜。

片刀一把、
雕刻刀一把、
菜墩一个、
10寸圆盘一只。

1. 午餐肉整体取料，一个面料，其他垫底成高8厘米、宽2厘米的拱桥。
2. 将面料午餐肉切成厚0.1厘米、宽2厘米、长4厘米的片，共24片排叠成阶梯长条状。
3. 把白萝卜切成长4厘米、宽0.8厘米的长条，摆在桥形一侧。
4. 黄瓜切成梳子花刀状，叠围在拱桥的另一侧。

1. 取料合理，刀面片大小一致，排叠要整齐。
2. 底部堆放拱桥形要结实，并计算好跨度与高度。

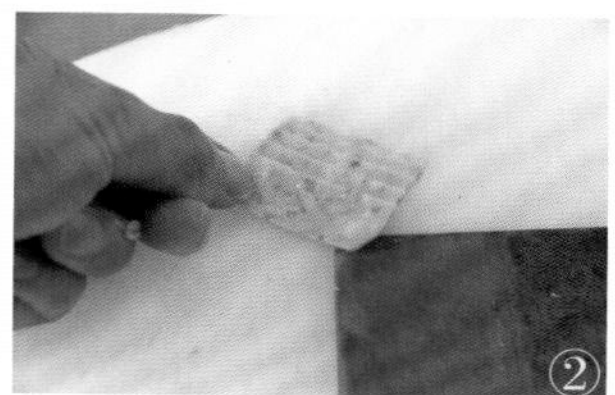

—— 技能拓展 ——

此法可用白切鸡代替午餐肉,大虾代替黄瓜,莴苣代替白萝卜做成三拼。

荷花总盘

原材料

红肠、
火腿肠、
鸡蛋干、
小黄瓜、
胡萝卜、
南瓜、
青萝卜、
心里美萝卜。

片刀一把、
雕刻刀一把、
菜墩一个、
16寸圆盘一只。

1. 各种原料改刀成10厘米长的段，胡萝卜、南瓜煮熟凉透，青萝卜刻成荷花的花心状，心里美萝卜刻成荷花的花瓣状备用。
2. 将各种原料切成0.1厘米厚的片。
3. 把片与片成45度角交叉地叠摆成一个刀面，去除边角料成一片花瓣。
4. 每片花瓣的下面用同样原料切较饱满，再叠上荷花。

操作要领

1. 取料合理，原料切片厚薄均匀，叠摆要整齐。
2. 打底堆放要结实，恰到好处，并计算好跨度与高度。

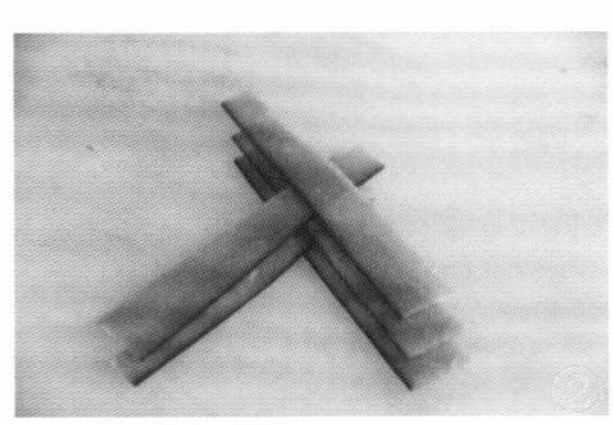
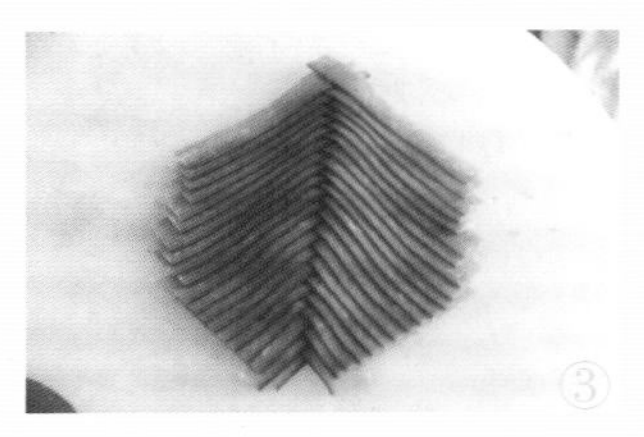
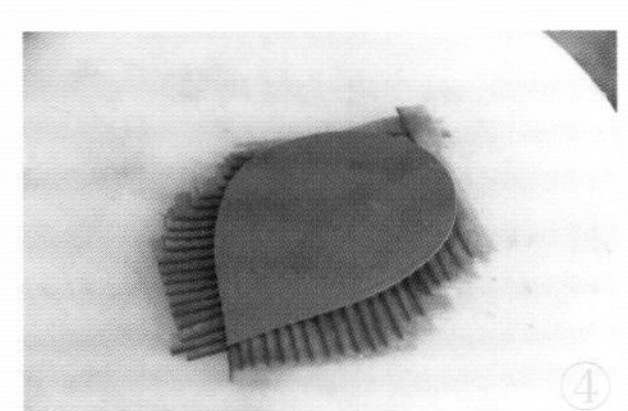

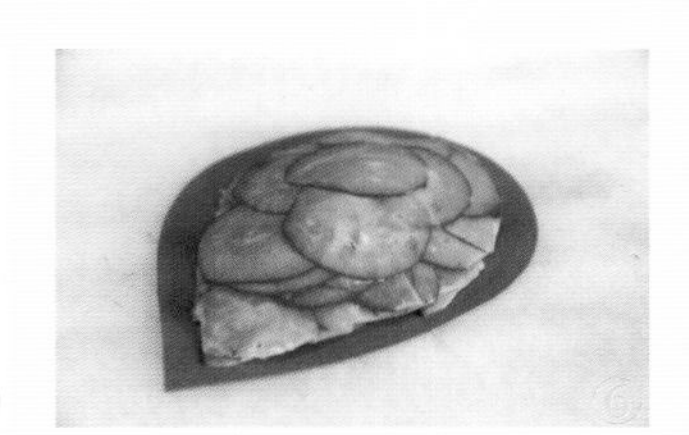

—— 技能拓展 ——

此法可进行改良，做成组合碟。

什锦总盘

红肠、
鸡蛋干、
小黄瓜、
南瓜、
胡萝卜卷、
白萝卜卷、
莴苣。

片刀一把、
雕刻刀一把、
菜墩一个、
16寸圆盘一只。

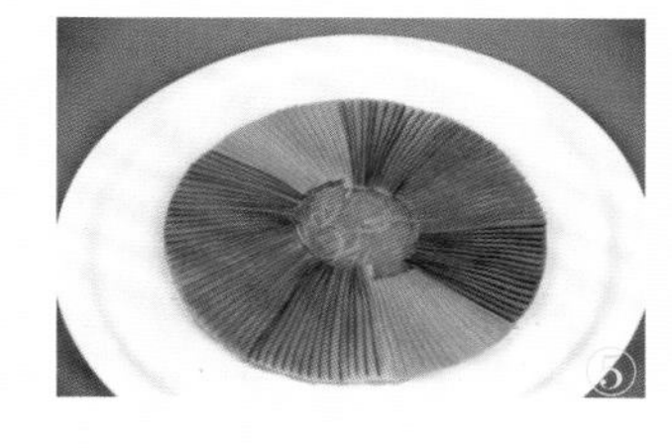

1. 各种原料改刀成10厘米长的段，南瓜煮熟凉透备用。
2. 莴苣切丝焯水凉透垫底，将各种原料改刀成长6厘米的块。
3. 各种原料切成0.1厘米厚的片，摆成扇形，每一个刀面共16片，把各个扇形围在一起成什景。
4. 第二层用同样的方法围摆，萝卜卷斜刀切成菱形，白萝卜卷摆在中间，成一朵花，胡萝卜卷摆在外圈即可。

1. 取料合理，原料切片厚薄均匀，叠摆要整齐。
2. 垫底堆放要结实，要恰到好处，并计算好跨度与高度。

—— 技能拓展 ——

此法可进行改良,可做成其他造型。

冷

拼

步骤篇

笋

午餐肉、基围虾、红肠、鸭脯、各色鱼卷、青萝卜、心里美萝卜、胡萝卜、酱色琼脂、西兰花、茭白。

片刀一把、雕刻刀一把、菜墩一个、圆盘一只。

1. 午餐肉打底，涂一层黄油；青萝卜刻成竹子和小草状备用。
2. 将胡萝卜、心里美萝卜等原料改刀成大的柳叶形，拉片拍散成笋壳状。
3. 一层一层有序摆成冬笋形状。
4. 各色鱼卷、红肠、茭白切片，鸭脯切块和基围虾一起摆成假山；西兰花、小草、竹子点缀。

1. 片厚薄要均匀。
2. 布局要合理。

①

②

③

④

⑤

⑥

⑦

⑧

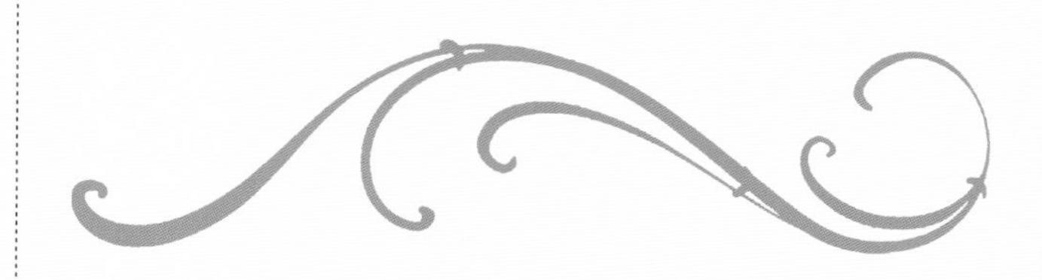

蝴蝶

原材料 午餐肉、熟胡萝卜、熟南瓜、小青瓜、芥兰、基围虾、蛋卷、蟹味菇、冬瓜皮。

用具 片刀一把、雕刻刀一把、菜墩一个、长方盘一只。

制作步骤

1. 午餐肉打底成蝴蝶形状，冬瓜皮刻成小草状备用。
2. 南瓜、胡萝卜、青瓜改刀成指甲形，拉成片；摆成蝴蝶的翅膀状，最后组合在一起，放在盘子的左上角。
3. 熟南瓜、芥兰、基围虾改刀摆在盘子的右下角。
4. 摆上蝴蝶的身子，并用假山、小草、蟹味菇点缀即可。

操作要领

1. 在制作前要熟悉蝴蝶的外形，根据餐具的大小控制好蝴蝶大小，刀工处理厚薄均匀，摆放时要细腻、有动感。
2. 布局要协调合理，适当留白，原料丰富。
3. 蝴蝶摆放要协调，完整无缺，形象生动、逼真，展翅欲飞。
4. 蝴蝶的触须、头、身体、比例恰当，细节清楚、明快。

①

②

③

④

⑤

⑥

⑦

⑧

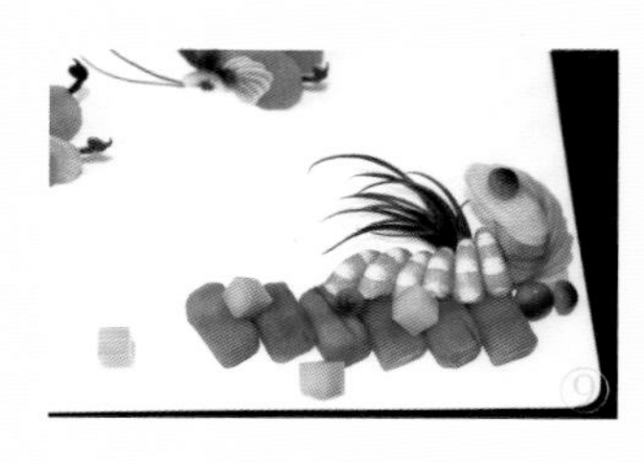
⑨

⑩

蘑菇

茭白、对虾、芥兰、红肠、各色鱼卷、冬瓜皮。

片刀一把、
雕刻刀一把、
菜墩一个、
长方盘一只。

1. 茭白刻成蘑菇形状，冬瓜皮刻成小草状备用。
2. 另取茭白改刀刁斗柳叶形拉片，叠成扇形状摆成蘑菇形。
3. 各色鱼卷、芥兰、红肠切片，和对虾一起摆成假山，小草点缀即可。

1. 片的厚薄要均匀，片与片之间距离要一致。
2. 主体部分与假山要控制好比例。

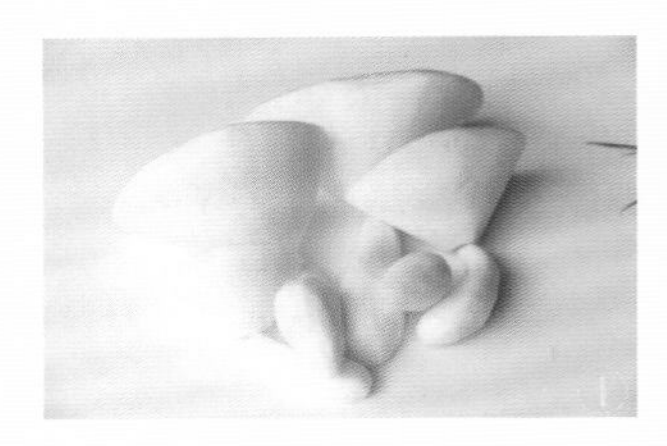

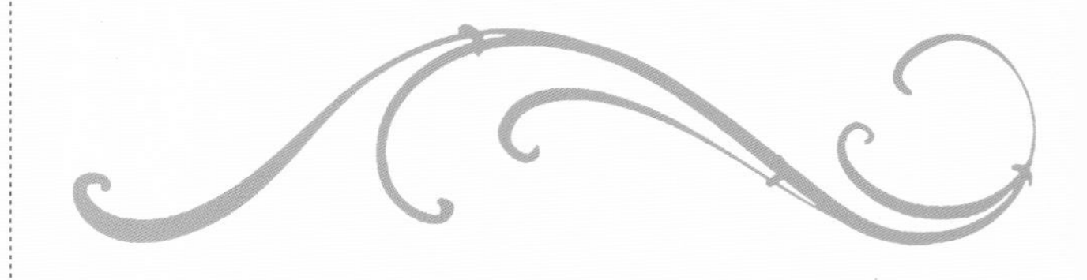

牵牛花

熟胡萝卜、酥鱼、马蹄、小青瓜、芥兰、青椒、冬瓜皮、铜钱草。

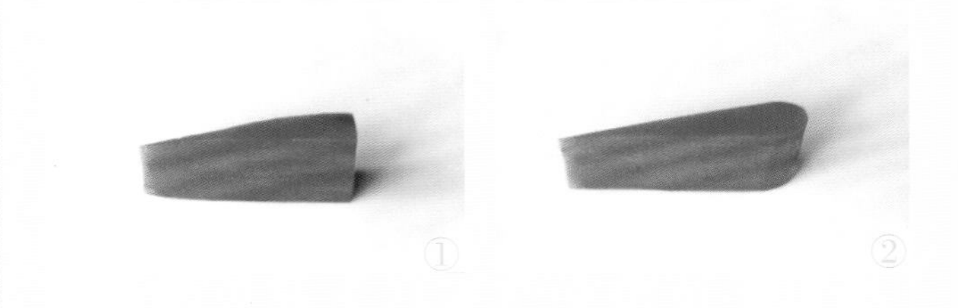

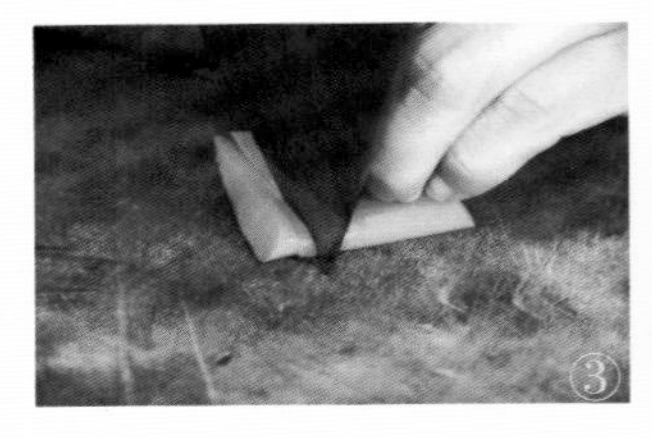

片刀一把、
雕刻刀一把、
菜墩一个、
长方盘一只。

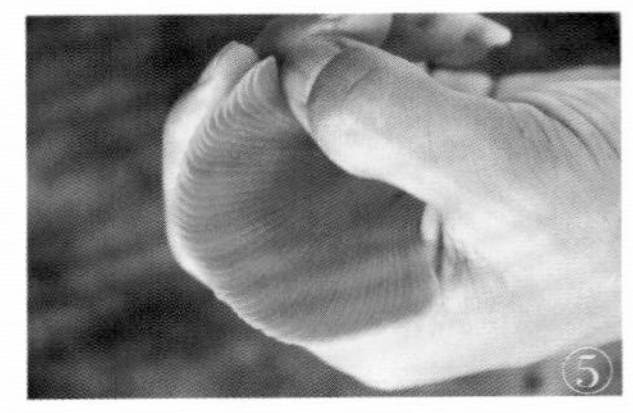

1. 把青椒、冬瓜皮、芥兰雕刻成叶子、藤条状等。
2. 胡萝卜改刀成5厘米长的柳叶形，用拉刀切成厚薄均匀的片，摆放成扇形，再放在食指与拇指的中间做成牵牛花形，放在盘子的左上角。
3. 酥鱼、马蹄、小青瓜改刀摆在盘子的右下角。
4. 将雕刻好的叶子等点缀即可。

1. 柳叶片长控制在5厘米左右，片厚薄要均匀，做好的花不宜太大。
2. 牵牛花在冷拼中大多作为点缀，也可独立呈现。

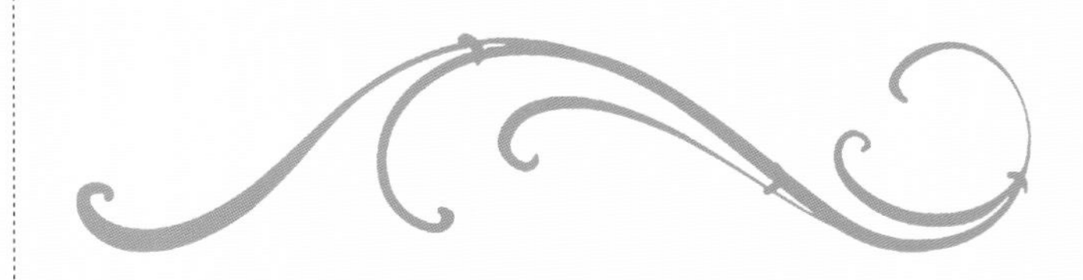

锦鸡

原材料

方腿、胡萝卜、心里美萝卜、酱色琼脂、鱼卷、酱牛肉、芥兰、基围虾、红肠、小青瓜、西兰花、蛋黄糕、冬瓜皮。

用具

片刀一把、
雕刻刀一把、
菜墩一个、
长方盘一只。

制作步骤

1. 把方腿刻成锦鸡的身体,琼脂、胡萝卜刻成尾巴、鸡爪状等备用。
2. 蛋黄糕、琼脂改刀切成较长的柳叶形切片,摆在锦鸡身上;心里美萝卜、蛋卷切片摆成翅膀形。
3. 酱牛肉、芥兰、基围虾、红肠、小青瓜、西兰花改刀摆成假山形。
4. 把雕刻好的小草用来点缀即可。

操作要领

1. 控制好比例,锦鸡身子与尾巴控制在1∶2;打底非常关键,需要良好的美术和雕刻功底。
2. 锦鸡的头和打底是冷拼制作中的重点和难点,打好底可以说是已经完成了作品的一半。

荷花

蛋白糕、西芹、胡萝卜、小黄瓜、蛋黄糕、心里美萝卜、牛肉、芦笋、各色鱼卷、红肠、对虾、鸭脯、西兰花、芥兰。

片刀一把、
雕刻刀一把、
菜墩一个、
长方盘一只。

1. 小的荷叶下面要刻一个底托，把小黄瓜改刀拉片摆成荷叶状。
2. 胡萝卜、蛋黄糕等原料改刀成大的柳叶形，拉片摆成荷叶状；蛋白糕切片摆成荷花花苞状。
3. 牛肉、蛋黄糕改刀成像石头的切片，各色鱼卷切片摆成假山状。

1. 荷叶各色片距离要一样，布局要合理。
2. 片厚薄要均匀，整体要留白。

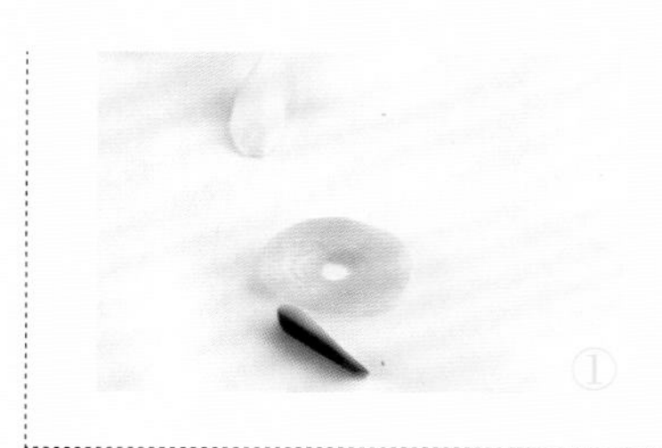

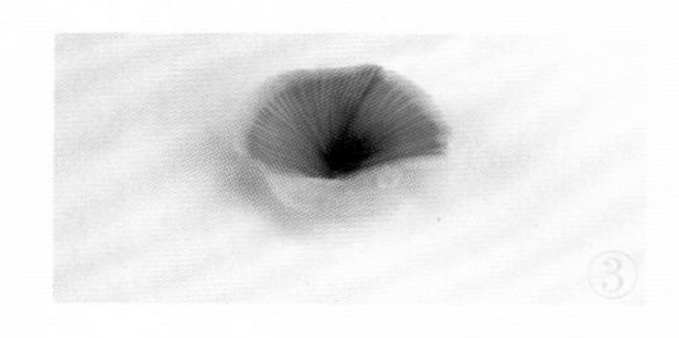

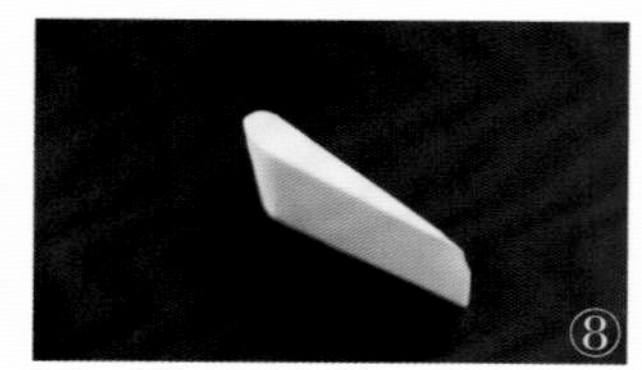

鱿鱼

原材料

方腿、胡萝卜、红肠、小黄瓜、蛋白糕、蛋黄糕、鸡蛋干、鱿鱼、酱带鱼、牛肉、各色鱼卷、芥兰、萝卜卷、糟虾、糯米藕、红枣、鸭舌、西芹。

用具

片刀一把、
雕刻刀一把、
菜墩一个、
6寸小碟一只。

制作步骤

1. 方腿刻成鱿鱼的身体形状，冬瓜皮刻成小草形状。
2. 胡萝卜、方腿、蛋鸡干等原料改刀成长方块，再切片摆在上面，做成鱿鱼状。
3. 各种卷切片，其他原料改刀摆成假山状，摆上鱿鱼头，小草点缀即可。

操作要领

1. 鱿鱼身上的片在摆的过程中左右要整齐，中间成一条线。
2. 假山不要太小，鱿鱼放的位置要合理。

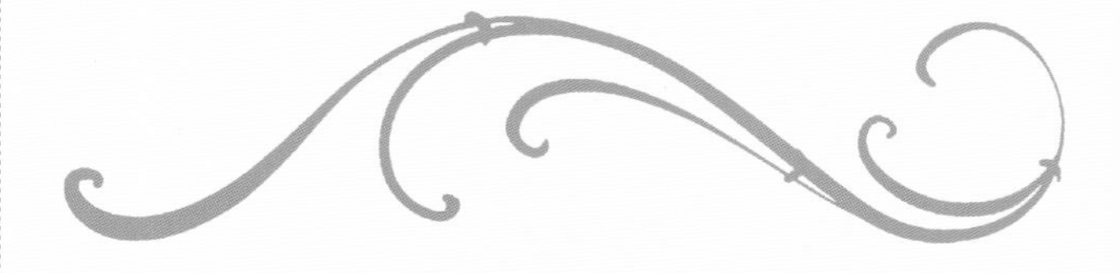

喜鹊

原材料 方腿、胡萝卜、心里美萝卜、酱色琼脂、鱼卷、酱牛肉、卤鸭、基围虾、红肠、芥兰、西兰花、青萝卜、冬瓜皮。

用具 片刀一把、雕刻刀一把、菜墩一个、长方盘一只。

制作步骤

1. 方腿打底，酱色琼脂刻成树枝状，胡萝卜、冬瓜皮刻成爪子和小草状。
2. 胡萝卜、青萝卜、酱色琼脂改刀成较小的柳叶形切片，摆成喜鹊状。
3. 心里美萝卜、鱼卷摆成翅膀状。
4. 酱牛肉、芥兰、基围虾、卤鸭、红肠、小青瓜、西兰花改刀摆成假山状。
5. 用雕刻好的小草点缀即可。

操作要领

1. 喜鹊打底极其重要，对喜鹊的形态特征以及翅膀、尾巴的结构要熟悉。
2. 布局要合理，摆放要有层次感。
3. 喜鹊的尾巴和翅膀单独雕刻好，最后粘上去，显得状态比较灵活多变。

①

②

③

④

⑤

⑥

⑦

⑧

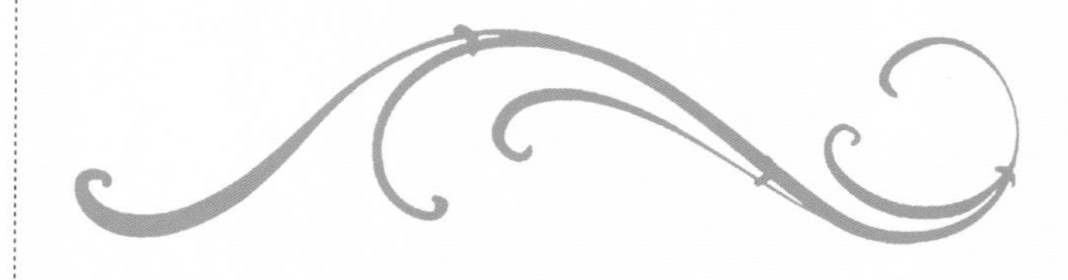

桥

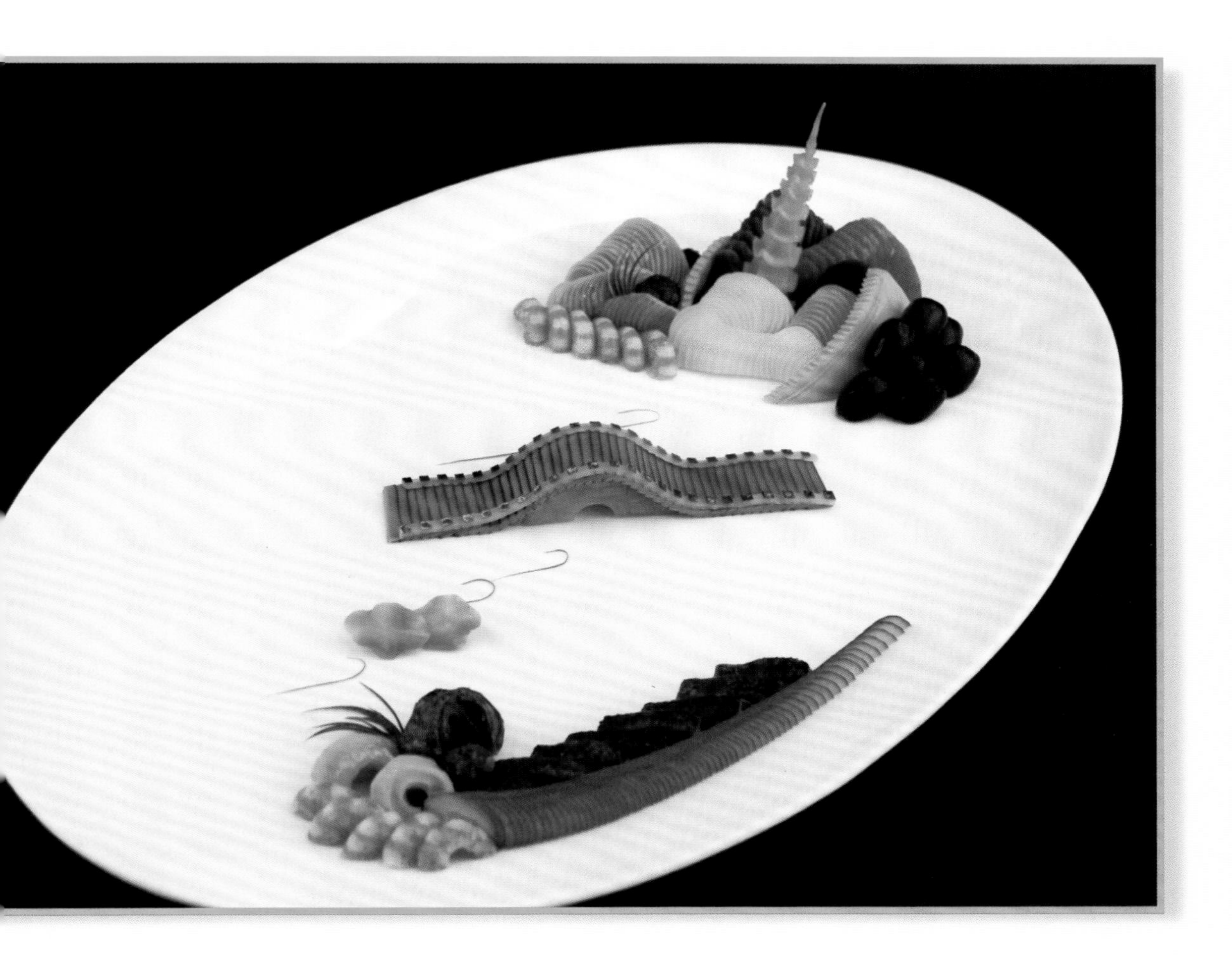

原材料

胡萝卜、酱牛肉、西兰花、红肠、基围虾、各色鱼卷、红枣、冬瓜皮、鸡蛋干、卤鸭、小青瓜、青萝卜、南瓜。

用具

片刀一把、
雕刻刀一把、
菜墩一个、
6寸小碟一只。

制作步骤

1. 胡萝卜雕刻成塔状，冬瓜皮刻成小草和桥的拉杆。
2. 酱牛肉、西兰花、红肠、基围虾、各色鱼卷改刀摆成假山状，放上塔。
3. 鸡蛋干切片斜角度摆成桥状，放上拉杆。
4. 盘子的边缘摆上卤鸭等原料，刻好的荷叶点缀即可。

操作要领

1. 鸡蛋干摆放时片与片的距离控制在0.2厘米左右，视觉上比较精致。
2. 布局要合理，点缀要恰当，从远到近层层叠叠，就像一幅山水画。

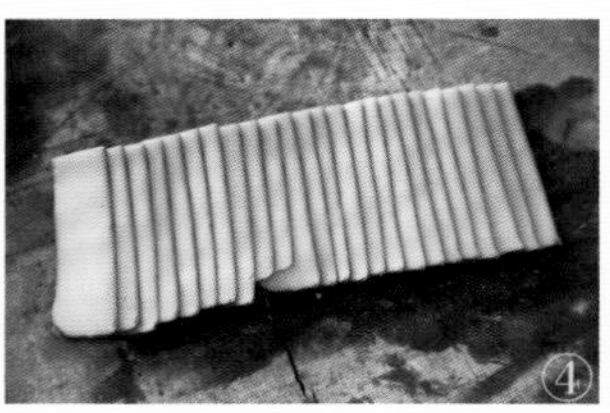
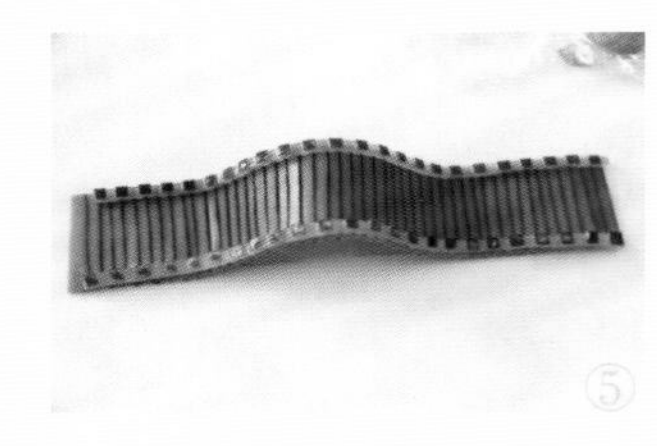

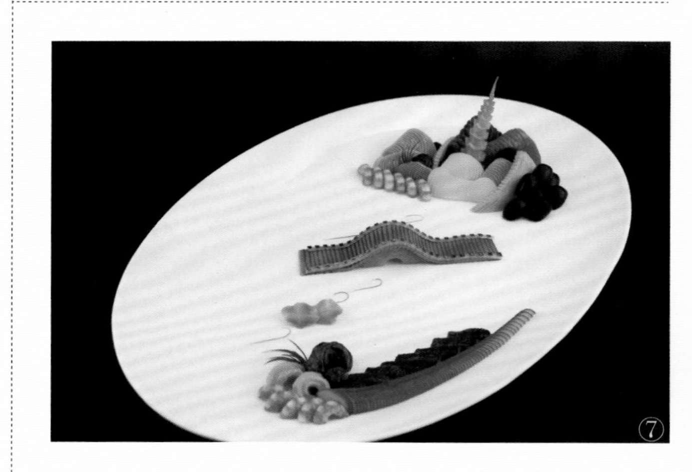
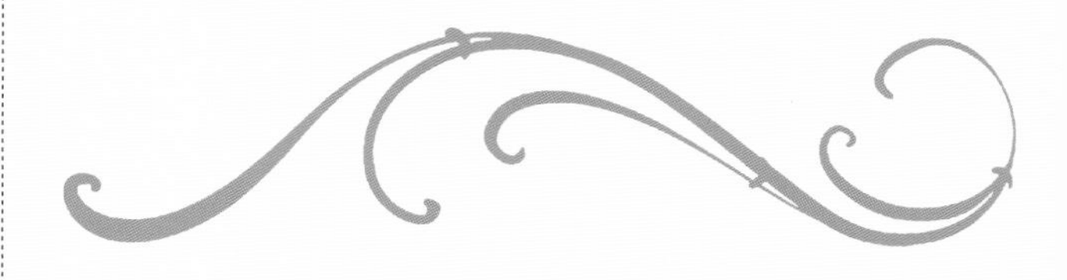

茶壶

午餐肉、酱色琼脂、蛋白糕、青萝卜、芦笋、红肠、酱牛肉、基围虾、鱼卷、红枣、山药、小青瓜、西兰花、毛豆。

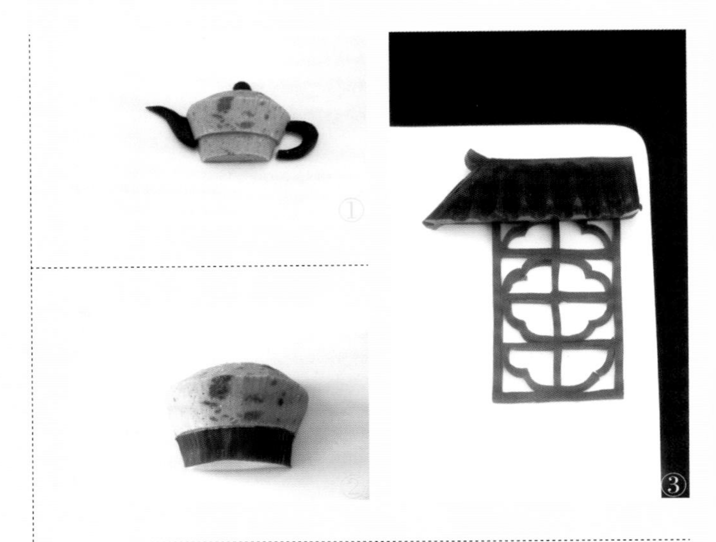

片刀一把、
雕刻刀一把、
菜墩一个、
长方盘一只。

1. 午餐肉打底，酱色琼脂雕刻成花窗，青萝卜刻成树枝状。
2. 酱色琼脂、蛋白糕改刀切片摆成茶壶状。
3. 酱牛肉、西兰花、红肠、基围虾、鱼卷等原料切片摆成假山状。
4. 最后用刻好的小草点缀即可。

1. 刀工一定要精细，摆放蛋白糕时，片与片距离要小。
2. 布局、点缀极其关键，需要一定的雕刻功底。

兰花

青萝卜、牛肉、芦笋、午餐肉、芥兰、鸭脯、对虾、西兰花、胡萝卜。

片刀一把、
雕刻刀一把、
菜墩一个、
长方盘一只。

1. 青萝卜刻成兰花的叶子状。
2. 牛肉、午餐肉刻成假山状切片，摆在盘子的左上角。
3. 青萝卜改刀拉片摆成兰花状，叶子点缀。
4. 鸭脯切块摆成假山状，胡萝卜切丁点缀即可。

操作要领

1. 兰花不要太大。
2. 摆放要整齐美观。

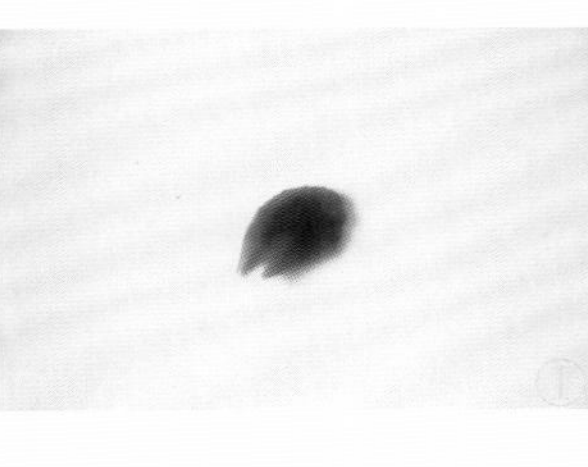

葫芦

方腿、蛋黄糕、青萝卜、
冬瓜皮、红肠、红枣、
小黄瓜、蒜苗、西兰花。

片刀一把、
雕刻刀一把、
菜墩一个、
长方盘一只。

1. 方腿打底，青萝卜、冬瓜皮刻成竹子、小草状。
2. 蛋黄糕、青萝卜改刀成柳叶形，切片，摆成叶子状。
3. 青萝卜改刀成两头尖，摆成葫芦。
4. 红肠切片后，和其他原料摆成假山。

1. 刀工精细，刀面整齐美观。
2. 取料合理，要讲究制作冷菜的基本功。

①

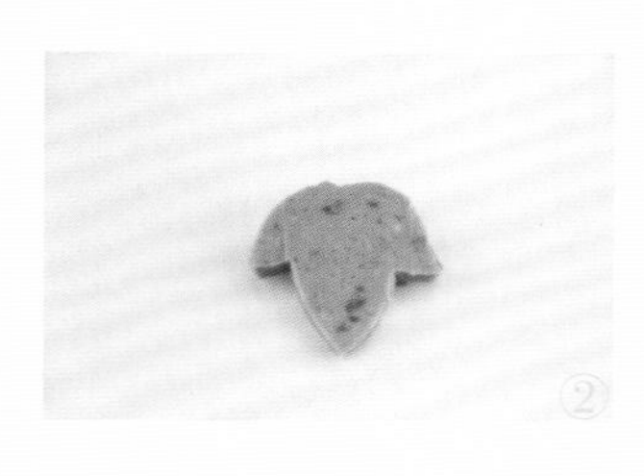
②

③

④

⑤

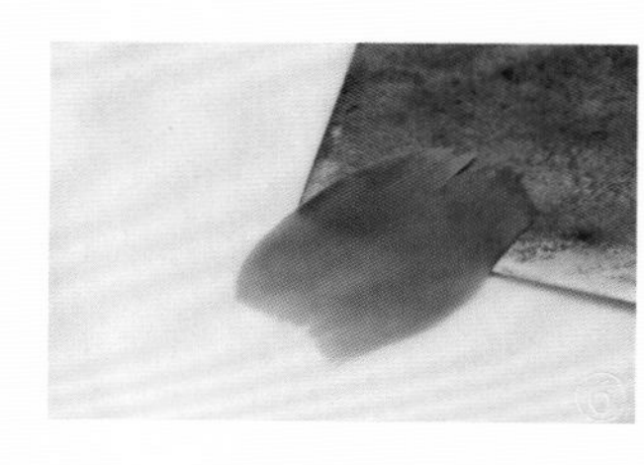
⑥

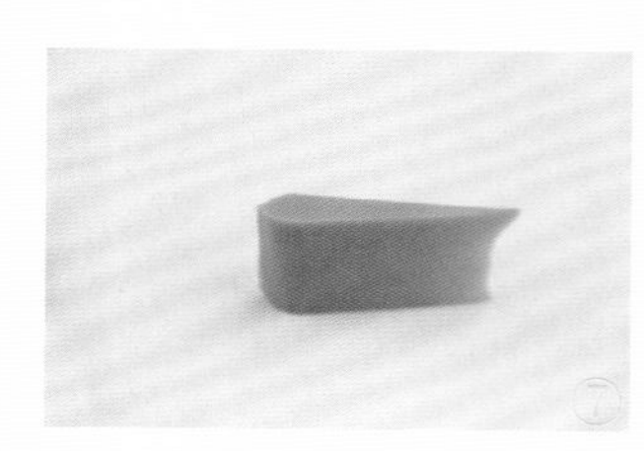
⑦

⑧

⑨

⑩

金鱼

方腿、鱼卷、蛋白糕、青萝卜、鱼子酱、小黄瓜、芥兰、红肠、鸭脯、西兰花。

片刀一把、
雕刻刀一把、
菜墩一个、
6寸小碟一只。

1. 方腿打底,青萝卜刻成金鱼头部和小草状。
2. 蛋白糕改刀拉片,摆成鱼尾巴状,小鱼卷切片,摆成金鱼的鳞片状,然后放上头与鳍。
3. 鱼卷、红肠切片,鸭脯切块摆成假山状,小草、荷叶点缀。

1. 要控制好鱼身体与尾巴的比例(1:1)。
2. 刀工要精细,布局要合理。

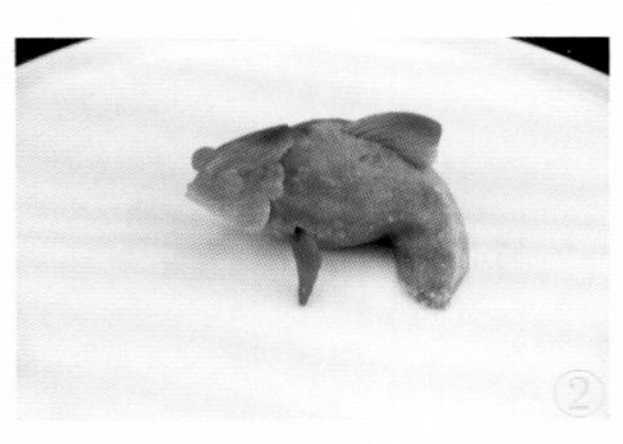

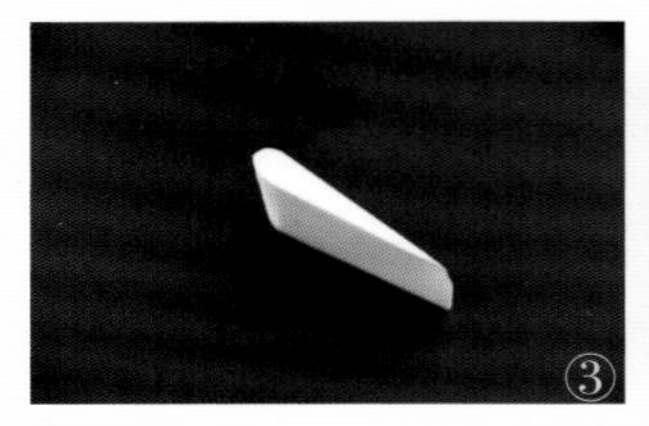

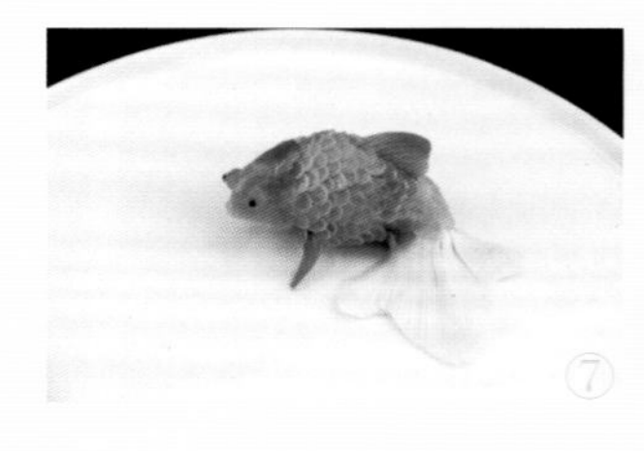

绶带鸟

原材料

冬笋、食用菌、西兰花、基围虾、鸭脯、芥兰、各色鱼卷、红肠、牛肉、红椒、胡萝卜、青萝卜、琼脂、心里美萝卜、方腿。

用具

片刀一把、
雕刻刀一把、
菜墩一个、
长方盘一只。

制作步骤

1. 方腿刻成鸟的身体和石榴，琼脂刻成树枝和尾巴状，胡萝卜、青萝卜刻成小草状、鸟爪和树叶状。
2. 取带绿皮的心里美萝卜拉片摆成石榴状。心里美萝卜、小鱼卷改刀摆成鸟的翅膀状。
3. 笋切片贴在腿上，胡萝卜贴在腹部，头顶再用黑色琼脂收口。
4. 牛肉、鱼卷等原料切片摆成假山状，最后摆上树枝、叶子和小草。

操作要领

1. 要掌握好绶带鸟身体与尾巴的比例。
2. 整体布局要合理，刀工要细腻。

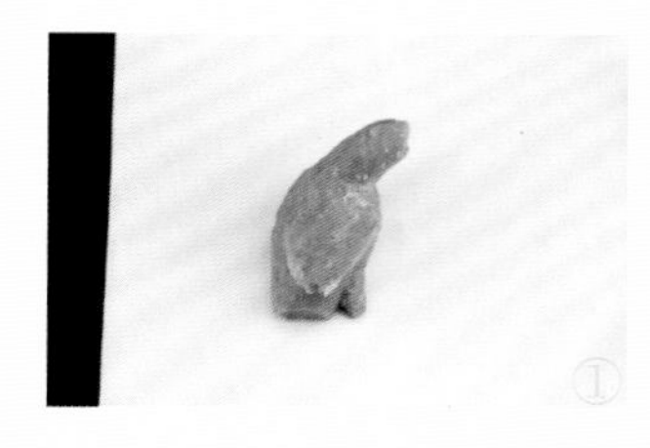

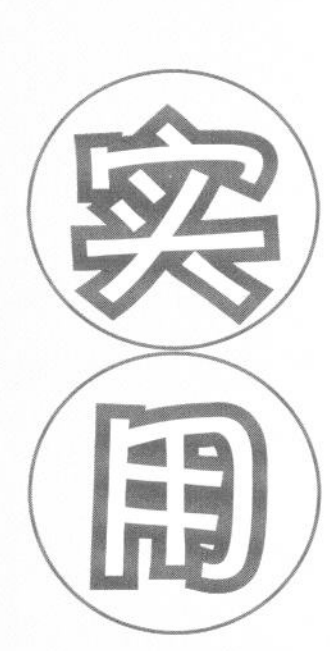
实
用

冷菜篇

五香牛腱子

原材料

牛腱子300克，以及干辣椒、茴香、八角、桂皮、香叶、生抽、老抽、绍酒、杧果、火龙果、苦苣菜适量。

制作步骤

1. 牛腱子焯水洗净，各种香料入锅煸香，放入牛腱子和调味品，加水烧开转小火卤3小时左右收汁。

2. 牛腱子切片，摆放整齐，果粒、苦苣菜点缀。

素烧鹅

原材料

豆腐皮2张，茭白150克，香菇100克，蛋黄1个，以及百合、甜豆、薄荷、葱白、生抽、盐、绍酒、花生油适量。

制作步骤

1. 茭白、香菇切丝，滑油锅留底油放入原料煸炒，调味备用。

2. 将炒好的料包在豆腐皮里成扁平状，放入平底锅煎至两面金黄，泡入已调好的汤汁中。

3. 改刀装盘，百合、甜豆点缀即可。

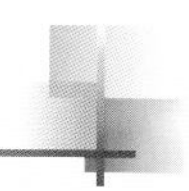

百合红枣

原材料

新疆红枣100克，百合60克，以及白糖、海棠花、薄荷适量。

制作步骤

1. 红枣浸泡涨发，加入白糖放入锅中，小火煮至红枣饱满。
2. 百合焯水，装盘点缀即可。

香麻牛舌

原材料

牛舌、盐、花椒、西芹、胡萝卜、洋葱、香茅、香叶、老抽、葱、生姜、大蒜、西瓜、火龙果、杧果、猕猴桃、果酱、巧克力片、樱桃、薄荷。

制作步骤

1. 各种蔬菜榨汁加调味品，放入牛舌腌制24小时后冲水。
2. 再放进调好的汤汁中煮至成熟。
3. 撕去牛舌上的一层皮，改刀装盘，水果围边点缀。

韩式泡菜

原材料

娃娃菜、韩式辣椒酱、辣椒粉、盐、巧克力片。

制作步骤

1. 娃娃菜洗干净，加盐腌透后，冲去菜中的咸味。
2. 把娃娃菜层层均匀地抹上调好味的辣椒酱，压上石头，储存24小时。
3. 把娃娃菜卷成扁平状，切去两头，装盘点缀。

糟鸡

原材料

三黄鸡半只500克，以及酒糟、糟烧酒、盐、味精、葱、姜适量。

制作步骤

1. 鸡放入沸水锅中用旺火煮沸，改用小火慢煮至熟，鸡捞出冷却。

2. 把鸡头、鸡翅剁下，斩成2块，用盐、味精擦透腌入味。

3. 将酒糟、糟烧酒合在一起搅匀。取瓦罐一只，先在瓦罐底铺上一半糟酒，铺上消毒纱布，再放上鸡，另取消毒纱布盖在鸡上面；然后，放入余下的酒糟，将其压实，密封罐口。存放7天后，取出，改刀装盘。

酱鸭

原材料

麻鸭半只500克，鲜莲子4颗，以及盐、花椒、绍兴母子酱油、葱、姜、绍酒、白糖适量。

制作步骤

1. 宰杀好的鸭子晾干，用盐、花椒、白糖拌匀擦遍鸭身，腌制24小时。
2. 取出，倒掉血水，洗净沥干，放入酱油中腌制12小时，上色后捞出晒干。
3. 放葱、姜、酒用旺火蒸至成熟，改刀装盘。

醉鱼干

原材料

青草300克，以及盐、花椒、酒糟、白糖、茴香适量。

制作步骤

1. 将鱼斩杀背开洗净，把盐均匀地撒在鱼上，腌制12小时以上。

2. 把腌制好的鱼清洗干净，自然晒干；调味过程中，室内温度应控制在20℃以下，放酒糟、白糖、茴香等主要配料，鱼切段拌匀，放于调味好的酒糟中24小时，表面加盖以减少酒精挥发。

3. 醉好的鱼取出，加姜、葱等调味品蒸至成熟，改刀装盘。

温州鱼饼

原材料

鳙鱼泥200克，以及猪肥膘、葱白、姜、盐、味精、绍酒、红油、鱼子酱、甜豆、巧克力片适量。

制作步骤

1. 鱼泥洗净加肥膘斩成细泥，加姜末、葱末和调味品搅打上劲；制成鱼饼，放入蒸锅中蒸熟。

2.冷却后，再放入五成热油锅中炸成金黄色，装盘点缀。

麻香青萝卜卷

原材料

青萝卜150克，薄千张150克，以及胡萝卜松、百合、枸杞、麻油、花生酱、盐适量。

制作步骤

1. 青萝卜批片，盐水浸泡，和千张包成卷。
2. 花生酱、麻油加调味品调成酱汁。
3. 萝卜千张卷切段装盘，酱汁淋在盘底点缀即可。

风干小白虾

原材料

野生小白虾300克,以及盐、姜、葱、白酒适量。

制作步骤

1. 小白虾加葱、姜调味品腌制。
2. 把腌好的虾放入蒸锅蒸熟,自然风干,虾干头向上装盘即可。

酱香马鲛鱼

原材料

马鲛鱼300克，以及芦笋、果酱、苦苣菜、辣酱、酱油、姜、葱、白酒适量。

制作步骤

1. 马鲛鱼切厚片洗净，加白酒、酱油等调味品腌制12小时，取出晾干。
2. 鱼干放葱、姜片等调味品，放入蒸锅蒸熟，改刀装盘。

茴香豆

原材料

蚕豆200克，以及食用山奈、茴香、桂皮、盐适量。

制作步骤

1. 干蚕豆去除劣豆后，在水中浸泡后沥干水分。

2. 把蚕豆放入锅中加适量的水，用急火煮，约15分钟。

3. 掀开锅盖，见豆皮周缘皱凸中间凹陷，就马上加入茴香、桂皮、盐和食用山奈，再用文火慢煮，使调味品从表皮渗透至豆内，待水分基本煮干后，关火揭盖，冷却装盘即可。

素蛏子

原材料

千张、干黄花菜、干笋壳、香菇、盐、味精、生抽、绍酒。

制作步骤

1. 将黄花菜和香菇浸泡、涨发、洗净，黄花菜等原料炒熟，包在千张里，用笋壳扎成蛏子形状。

2. 包好的素蛏子放入油锅炸成金黄色，放入已调好的汤汁中烧入味，冷却装盘。

秘制小香干

原材料

豆腐干200克，以及桂皮、大茴香、小茴香、丁香、绍酒、冰糖适量。

制作步骤

1. 煮豆腐干的过程中，加香料，经过12个小时的文火焐制，五香鲜美的卤汁渗透其中，韧而不硬。

2. 香干装盘点缀。

香麻口水鸡

原材料

三黄鸡半只500克,辣椒面50克,白芝麻10克,花椒15克,以及八角、酱油、醋、橄榄油、葱、姜、绍酒适量。

制作步骤

1. 辣椒面等香料放在耐热容器中,橄榄油加热到七成,倒入容器中搅拌均匀,冷却过沥。

2. 三黄鸡放入开水锅中小火煮熟冷却后,改刀装盘。

3. 麻油:酱油:醋:糖的比例4:1:1:1,调味加红椒、黄椒、葱丝点缀;调好味的卤汁淋在鸡肉上。

酒香蜜枣

原材料

黑枣200克,以及花雕酒、冰糖适量。

制作步骤

1. 黑枣洗净晾干备用。
2. 把黑枣放进瓶中,倒入花雕酒,冰糖密封浸泡一周,取出装盘。

渍烤虾干

原材料

大对虾300克，以及姜、葱、白酒、盐适量。

制作步骤

1. 对虾洗净加调味品腌制30分钟，放入蒸锅蒸至成熟，取出自然晾干。
2. 出菜时放入微波炉烤香，装盘点缀即可。

手撕鳗鲞

原材料

海鳗500克,红甜椒1个,以及本芹、白酒、盐、葱、姜、醋适量。

制作步骤

1. 用刀将新鲜海鳗切开一点,喷上白酒,撒上细盐腌制12小时入味,穿上绳子吊在通风口风干。

2. 加葱、姜,放入蒸锅蒸熟,稍微冷却片刻,然后去皮,再手撕成条状并去掉鱼刺,装盘即可。

红膏炝蟹

原材料

梭子蟹(膏蟹)400克,以及盐、白酒、姜、花椒、大料少许。

制作步骤

1. 挑选个头大、鲜度好、肥度足、膏黄满的梭子蟹。
2. 蟹清洗干净后沥干水分。
3. 水加盐(10:1)加香料煮开冷却,倒入蟹,腌制12小时捞出,放入冰箱冷冻。
4. 开壳,去鳃、嘴后改刀装盘。

宁波黄泥螺

原材料

泥螺250克，白酒、盐、蒜、葱、绍兴花雕酒、茴香、桂皮、红黄椒适量。

制作步骤

1. 盐浸。将选好的泥螺加20∶100—23∶100浓度盐水迅速搅拌至产生泡沫为止，静置3—4小时，冲洗晾干水分。

2. 腌制。将泥螺加入20∶100—22∶100的盐水，盖上竹帘，压上石头。腌半个月左右。

3. 制卤。将腌制泥螺的盐水倒入锅中，加适量茴香、桂皮、姜等煮沸10分钟，冷即过滤。加白酒、黄酒倒入泥螺，密封存放10天，取出装盘。

香煎盐卤豆腐

原材料

白水洋卤豆腐200克，以及盐、味精、葱、姜、绍酒、菜籽油适量。

制作步骤

1. 豆腐切厚片加调味品腌制入味。
2. 将腌好的豆腐放入锅中煎至两面成金黄色。
3. 改刀装盘，葱花、红椒点缀即可。

醉花螺

原材料

花螺200克,以及生抽、老抽、陈年花雕、白糖、香叶、茴香、花椒、桂皮、葱、姜适量。

制作步骤

1. 花螺洗净后焯水,装盘备用。
2. 醉汁,调味品中加水、香料,倒入锅中煮沸冷却,淋到花螺上即可。

四喜烤麸

原材料

烤麸80克，黄花菜80克，云耳80克，花生80克，以及老酒、生姜、葱、生抽、老抽适量。

制作步骤

1. 把事先涨发好的原料洗净，改刀备用。

2. 将生姜、葱煸炒出香味，放入烤麸、黄花菜等原料煸炒，加调味品烧至入味，装盘点缀。

烤菜三拼

原材料

天菜心150克，娃娃菜150克，小香菇100克，以及干辣椒、白糖、葱、姜、盐、生抽、老抽、蚝油、鸡精适量。

制作步骤

1. 原料洗净，天菜心焯水，起锅加油，加热后放入葱、姜煸香。
2. 然后放入菜煸炒出水分后，加水（没过菜）、调味品，大火烧开，中火烤至水分快干即可。
3. 把香菇、烤菜组合后装盘点缀。

目鱼大烤

原材料

目鱼500克，以及姜、葱、八角、绍酒、盐、糖、酱油、红曲粉适量。

制作步骤

1. 目鱼清洗后去皮，焯水沥干。

2. 起锅加油放入葱、姜煸香，倒入目鱼略翻炒，放入香料、调料、水，大火烧开，撇去浮沫，改中小火焐到成熟。

3. 开大火，不断翻动原料，收至卤汁黏稠冷却，目鱼改刀装盘即可。

手撕羊尾笋

原材料

羊尾笋、香油、味精、盐、葱。

制作步骤

1. 羊尾笋涨发，漂去咸味。
2. 涨发好的笋撕成丝，加调味品拌匀装盘。

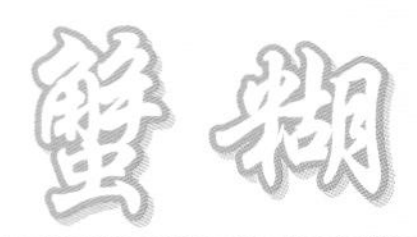

原材料

梭子蟹(红膏蟹)500克,以及姜、绍酒、盐、糖适量。

制作步骤

1. 膏蟹去壳、鳃,洗净后沥干。

2. 取出蟹膏,再将蟹改刀成小块,斩压成糊;把蟹膏、蟹糊搅拌,加调料拌匀,放入冰箱冷藏室保鲜24小时,装盘即可。

酱香尖嘴鱼

原材料

尖嘴鱼500克,以及葱、姜、白芝麻、生抽、老抽、海鲜酱、蚝油、盐适量。

制作步骤

1. 尖嘴鱼清洗干净,批去骨头,一边留着头,一边留着尾巴。
2. 把改刀好的鱼加入调味品腌制1小时左右,捞出晾干。
3. 卷成圆筒状放入烤箱烤熟,装盘点缀即可。

美味基围虾

原材料

基围虾300克,以及黄瓜、葱、甜辣酱。

制作步骤

1. 基围虾焯水,去头和壳,要留住尾巴。
2. 葱叶切丝炸松,黄瓜切片打底装盘,甜辣酱浇于底部即可。

各吃冷菜
欣赏篇

湘忆

富贵

菊韵

水墨江南

忆江南

夏日缤纷

水乡

夏日风情

艳丽

鲜花映明月

田园风光

夏韵

经典花式
冷拼篇

禄大吉

春夏秋冬

夏

秋

“和”什锦组碟

福禄寿吉

牡丹组合

鉴湖满春色

梅兰竹菊

冷菜围碟

13

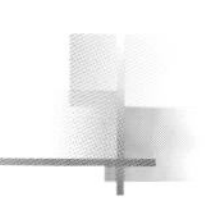

C1 - 15

荷韵

福寿万代

福

福

子孙万代

觅食

鹭鹭情

相依相伴

恋

鸳鸯

万寿如意

福满长春

硕果累累

花开富贵

渔家蟹趣

荷香鸟语

永安溪流

年年有余

莲年有余

逸海苍山

幽鱼

印象江南

水乡

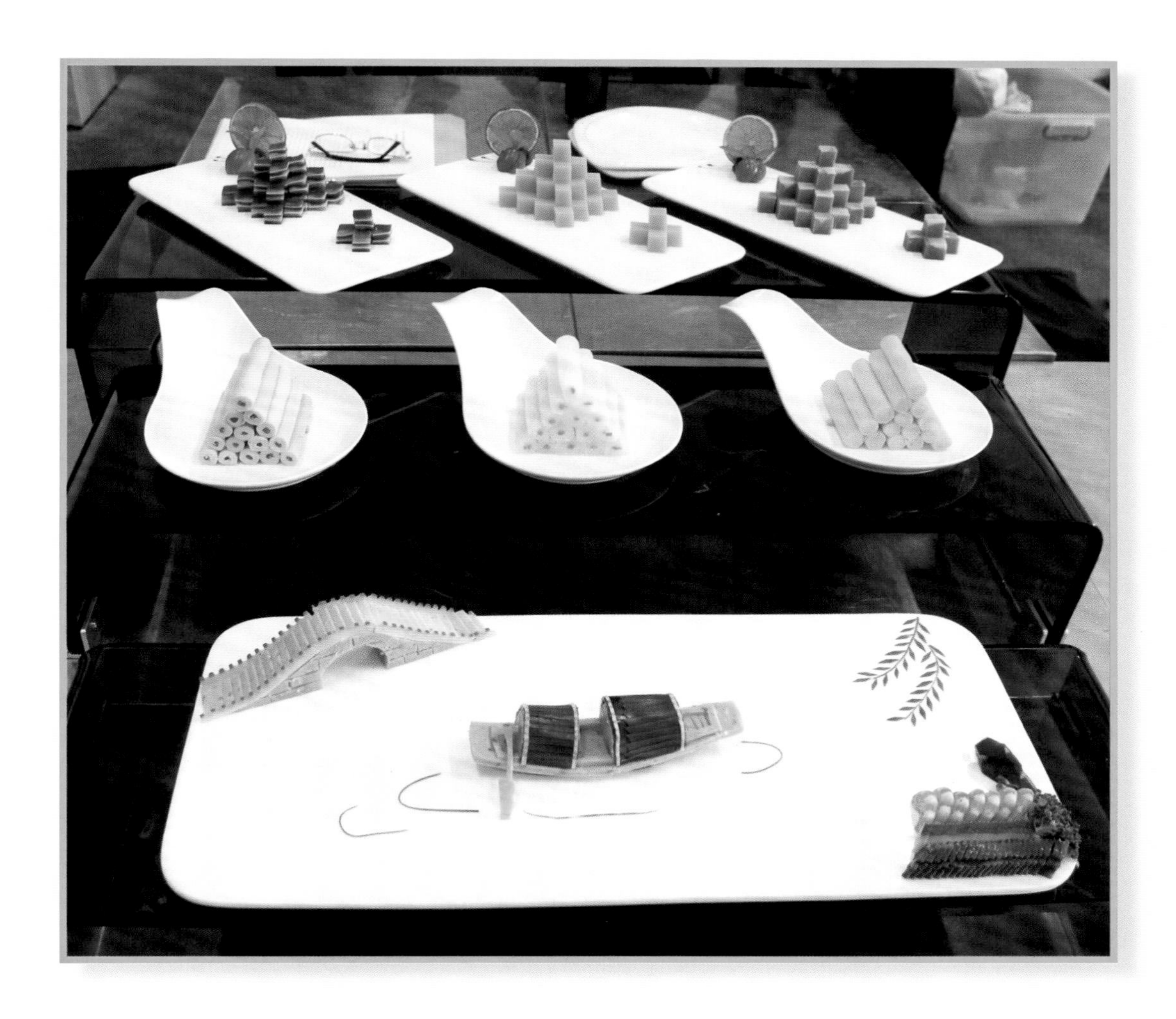

夏趣

起舞

秋趣

福禄大吉

前程似锦

锦上添花

英姿勃勃

鹦鹉

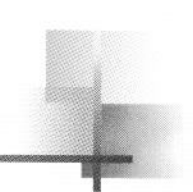

翩翩起舞

化蝶双飞

宴席欣赏篇

渔家喜事

渔家喜事
中国瓯菜

乡村养生宴

渔家宴

5

石斛养生宴

梁祝宴

台州佳宴

山水仁皇宴